BEI GRIN MACHT SICH IHR WISSEN BEZAHLT

- Wir veröffentlichen Ihre Hausarbeit, Bachelor- und Masterarbeit
- Ihr eigenes eBook und Buch - weltweit in allen wichtigen Shops
- Verdienen Sie an jedem Verkauf

Jetzt bei www.GRIN.com hochladen und kostenlos publizieren

Bibliografische Information der Deutschen Nationalbibliothek:

Die Deutsche Bibliothek verzeichnet diese Publikation in der Deutschen Nationalbibliografie; detaillierte bibliografische Daten sind im Internet über http://dnb.d-nb.de/ abrufbar.

Dieses Werk sowie alle darin enthaltenen einzelnen Beiträge und Abbildungen sind urheberrechtlich geschützt. Jede Verwertung, die nicht ausdrücklich vom Urheberrechtsschutz zugelassen ist, bedarf der vorherigen Zustimmung des Verlages. Das gilt insbesondere für Vervielfältigungen, Bearbeitungen, Übersetzungen, Mikroverfilmungen, Auswertungen durch Datenbanken und für die Einspeicherung und Verarbeitung in elektronische Systeme. Alle Rechte, auch die des auszugsweisen Nachdrucks, der fotomechanischen Wiedergabe (einschließlich Mikrokopie) sowie der Auswertung durch Datenbanken oder ähnliche Einrichtungen, vorbehalten.

Impressum:

Copyright © 2014 GRIN Verlag
Druck und Bindung: Books on Demand GmbH, Norderstedt Germany
ISBN: 9783668619630

Dieses Buch bei GRIN:

https://www.grin.com/document/388066

Anonym

Eine Werkstoffprüfung anhand des WP14 Zugversuchs

GRIN Verlag

GRIN - Your knowledge has value

Der GRIN Verlag publiziert seit 1998 wissenschaftliche Arbeiten von Studenten, Hochschullehrern und anderen Akademikern als eBook und gedrucktes Buch. Die Verlagswebsite www.grin.com ist die ideale Plattform zur Veröffentlichung von Hausarbeiten, Abschlussarbeiten, wissenschaftlichen Aufsätzen, Dissertationen und Fachbüchern.

Besuchen Sie uns im Internet:

http://www.grin.com/

http://www.facebook.com/grincom

http://www.twitter.com/grin_com

Inhaltsverzeichnis

Einleitung 2

Aufgabe 1) Werte aufnehmen: 2

Aufgabe 2) Zu berechnende Werte: 3

Aufgabe 3) Beschreibung des Versuchsaufbaus 4

Aufgabe 4) Geben Sie die Definition der aufgenommenen und berechneten Werte an. 6

Aufgabe 5) Erklären Sie den Unterschied zwischen technischer und wahrer Spannung 7

Aufgabe 6) Es sollen Proben aus der Stahlsorte C60 (Werkstoffnummer 1.0601) geprüft werden. Welcher max. Probendurchmesser kann auf der vorhandenen Maschine geprüft werden? 8

Aufgabe 7) Warum wird für die Bestimmung des E-Moduls die Verformung direkt an der Probe 9
gemessen? 9

Aufgabe 8) Wie wird die 0,2% Dehngrenze grafisch ermittelt? Wann wird diese als Kennwert 9
herangezogen? 9

Einleitung

Der Zugversuch ist ein Verfahren für die Werkstoffprüfung zur Bestimmung von der Streckgrenze, Zugfestigkeit, der Bruchdehnung, Zugkraft, Brucheinschnürung und weiteren Werkstoffwerten. Es ist ein zerstörendes Prüfverfahren. Es wurden 4 Proben genommen (Baustahl, Aluminium, Messing und Kupfer), diese Proben wurden bis zum Bruch gedehnt. Hierbei werden zwei Werte, einmal die Kraft F und die Längenveränderung Delta L, gemessen und durch den Computer protokolliert. Für den Zugversuch werden genormte Rund- oder Flachproben verwendet.

Aufgabe 1) Werte aufnehmen:

Siehe Prüfprotokolle:

Länge der Proben vor dem Bruch: L_0 [mm]
Durchmesser vor dem Bruch: d_0 [mm]
Zugfestigkeit: R_m [N/mm²]
Obere Streckgrenze: R_{eH} [N/mm²]
Unter Streckgrenze: R_{eL} [N/mm²]
0,2 %-Dehngrenze: $R_{p0,2}$ [N/mm²]
Bruchspannung: R_B [N/mm²]
Länge der Proben nach dem Bruch: L_U [mm]
Durchmesser nach dem Bruch: d_U [mm]

	Länge der Proben nach dem Bruch:	Durchmesser nach dem Bruch
	L_u[mm]	S_u[mm]
S235JR	97,7	4,3
AlMgPbCu (Alu)	94,1	6,4
CuZn (Messing)	81	7,0
Kupfer	81	4,5

Aufgabe 2) Zu berechnende Werte:

maximale Zugkraft: F [N]
bleibende Verlängerung: L [mm]
Bruchdehnung: A [%]
bleibende Querschnittsänderung: S [mm²]
Brucheinschnürung: Z [%]

Probe	Max. Zugkraft F	L Bleibende Verlängerung	A [%] Bruchdehnung	S [mm²]	Z [%]
S 235 JR	23.262N	17,7 mm	22,13	46,09	91,47
AlMgPbCu	21.181N	14,1 mm	17,3	43,74	87,24
CuZn	26.646N	1 mm	1,3	43,77	86,21
Kupfer	17.517N	1 mm	1,3	45,89	91,1

Maximale Zugkraft: wird durch den PC ermittelt. Es kann durch diese Formel errechnet werden:

$$R_m = \text{Zugfestigkeit} = \frac{F_m}{S_0}$$

Bleibende Verlängerung: L [mm]

L_u- haben wir nach dem Bruch gemessen und L_0 ist bei allen 80mm.

$$\Delta L = L_u - L_0$$

Bruchdehnung: A [%]

$$\frac{(L_u - L_0) * 100\%}{L_0}$$

Bleibende Querschnittsänderung: S [mm²]

$$\Delta S = S_0 - S_u$$

Brucheinschnürung: Z [%]

$$\frac{(S_0 - S_u) * 100\%}{S_0}$$

Für die Brucheinschnürung sind Werte zwischen 20% und 90% typisch.

Aufgabe 3) Beschreibung des Versuchsaufbaus

Schritt: 1 Vorbereitung der Proben

Bevor die Versuche durchgeführt werden können müssen die Proben entsprechend vorbereitet werden. In dieser Phase werden die Proben zunächst mal auf äußerlichen Schäden begutachtet und ob sie der Norm entsprechen.

Anschließend werden die Proben beschriftet: Es wird eine Markierung von 80 mm gemacht.

Schritt: 2 Einstellung der Prüfmaschine

Nun kann der eigentliche Zugversuch stattfinden. In der Prüfmaschine wird eine Probe eingespannt und mit einer Vorspannkraft belastet. (Die Prüfmaschine selber kann eine Kraft von bis zu 50 KN aufbringe). Dies dient dazu, dass die Spannbacken richtigen Halt bekommen und sicher fest packen können um eine späteres nachrutschen zu vermeiden bzw. sehr gering zu halten. Als Vorspannkraft wählten wir 100 N.

Außerdem werden Einstellungen am Rechner vorgenommen. Man gibt die Bezeichnung des Werkstoffes ein und stellt den Rechner auf Spannungszunahme und Geschwindigkeit.

Anschließend wird die Prüfmaschine auf Start Position gefahren und es kann starten.

Schritt: 3 Die Messung

Um konkrete Messergebnisse zu bekommen wird ein Feindehnungsmessgerät an der Probe befestigt. Am besten positioniert man das Gerät an dem vorher markierten Stellen, damit man es am Genausten messen kann.

Das Feindehnungsmessgerät dient dazu die wirkliche Längenänderung zu messen ansonsten würden Fehler entstehen, zum Beispiel würde der Traversenweg als Verlängerung der Probe gemessen werden, damit wäre die Längenänderung verfälscht. Hinzu kommt das Nachrutschen der Spannbacken die das Ergebnis ebenfalls verfälschen würde.

Die Prüfmaschine erhöht ihre Zugkraft konstant und misst wie sich die Proben verhalten, währenddessen wird ein Spannungsdehnungsdiagramm erstellt und zum Schluss ausgedruckt.

Schritt: 4 Nachmessen

Jetzt werden die gebrochenen Proben zusammengesetzt und es wird die Längenänderung Delta L gemessen. Außerdem wird auch der kleinste Durchmesser an der Einschnürung gemessen und protokolliert. Zum Schluss kann man die Bruchfläche begutachten und einer Spezialen Bruchform zu ordnen. Anhand dieses Diagrammes kann man erkennen welche Bruchformen es gibt:

Kurze Zusammenfassung des Versuchsablaufs:

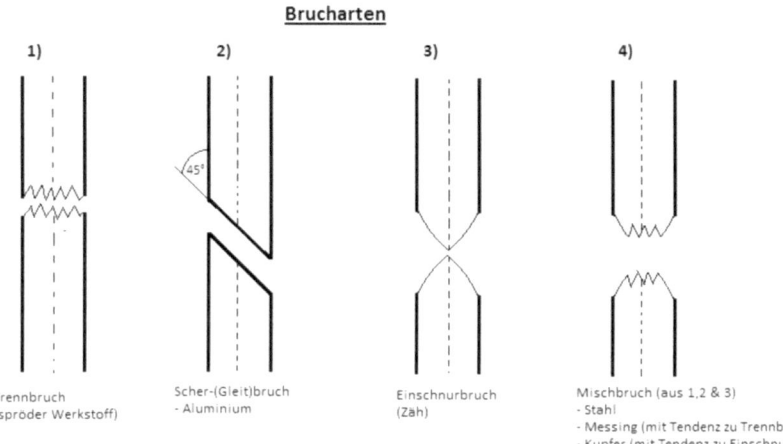

1. Vorprüfphase

    - Bearbeiten und Markierungen anbringen
    - ausmessen
    - Messlänge am Probenkörper markieren
    - Einspannung in die Zugmaschine

2. Startphase

    - Belastung der Probe bis zur Vorkraft (hier: 100 N)

3. Prüfphase

    - Belastung der Probe bis zum Bruch
    - Ermittlung des E-Moduls – Spannungszunahmegeschwindigkeit
    - Streckgrenze auswerten – kleine Dehnratengeschwindigkeit
    - Belastung bis zum Bruch – Dehnrate

4. Nachprüfphase

    - optische Bewertung
    - Querschnitt über die Einschnürung messen

Aufgabe 4) Geben Sie die Definition der aufgenommenen und berechneten Werte an.

L_0 = Länge der Proben vor dem Bruch d_0 = Durchmesser vor dem Bruch =

Das ist die Anfangsmesslänge der Probe die nach der Prüfnorm entsprechend nicht kleiner sein darf als 20 mm. Die Proben sind im Allgemeinen abhängig von den Probenquerschnitten bzw. dicken. Vorzugsweise werden sogenannte proportionale Proben verwendet, bei denen das Verhältnis aus Anfangsmesslänge und der Wurzel aus dem Anfangsquerschnitt einen definierten Faktor entspricht. Kurzer Proportionalstab (d > 4 mm) k = 5,65 Langer Proportionalstab (d < 4 mm) k = 11,3

R_m = Zugfestigkeit = $\frac{F_m}{S_0}$

Die Zugfestigkeit R_m ist die maximal ertragene technische Spannung. Nach dem Überschreiten der Streckgrenze verfestigt der Werkstoff und die Spannung steigt bis zu einem Spannungsmaximum weiter an. Bei der höchsten Zugkraft wird die Zugfestigkeit R_m erreicht. Wird ein Bauteil höher belastet, erfolgen Einschnürung und Bruch.

R_{eH} = Obere Streckgrenze = $\frac{F_{eH}}{S_0}$

Spannung in dem Moment, wo der erste deutliche Kraftabfall auftritt, bis hierher gibt es nur elastische Verformung und ab dieser Stelle geht der Werkstoff zum ersten Mal eine plastische Verformung ein

R_{eL} = Untere Streckgrenze = $\frac{F_{eL}}{S_0}$

Die untere Streckgrenze ist eine Folge der oberen Streckgrenze und stellt die geringste gemessene Spannung im Fließbereich bei weiter zunehmender Probenverlängerung dar, ohne Berücksichtigung von Einschwingerscheinungen.

$R_{p0,2}$ = 0,2 %-Dehngrenze = $\frac{F_{p0,2}}{S_0}$

Die 0,2% Dehngrenze $R_{p0,2}$ ist die Spannung, bei der die plastische Dehnung 0,2% beträgt. In der Praxis legt dieser Wert häufig die absolute Obergrenze der zulässigen Belastung eines Bauteils fest. Der Wert von $R_{p0,2}$ wird durch einen Schnitt der Kurve mit einer Parallelen zur Hooke'schen Geraden bei der Dehnung ε = 0,002 (0,2%) ermittelt.

S = bleibende Querschnittsänderung $\Delta S = S_0 - S_u$

Die bleibende Querschnittsänderung bezeichnet den Querschnitt der nach dem Zugversuch an der Bruchstelle ermittelt werden kann. Durch die plastische Verformung weißt die Probe einen anderen Querschnitt an der Bruchstelle auf als zu Beginn des Versuchs.

L = bleibende Verlängerung $\Delta L = L_u - L_0$

Unter bleibender Verlängerung verstehen wir die bleibende plastische Verlängerung eines Probekörpers, nach der Belastung mit einer definierten Zugspannung.

$$A = \text{Bruchdehnung} = \frac{(L_u - L_0) * 100\%}{L_0}$$

Die Bruchdehnung A ist die bleibende Dehnung nach dem Bruch. Sie wird gewöhnlich in % angegeben. Zur Bestimmung der Bruchdehnung werden die gebrochenen Probenhälften wieder zusammengesetzt und die Länge der Probe LB ausgemessen. Da die elastische Dehnung beim Bruch verschwindet, handelt es sich bei der Bruchdehnung um eine rein plastische Dehnung.

$$Z = \text{Brucheinschnürung} = \frac{(S_0 - S_u) * 100\%}{S_0}$$

Die Brucheinschnürung Z ist der Querschnitt der Einschnürung nach dem Bruch, bezogen auf den Anfangsquerschnitt. Die Brucheinschnürung Z wird analog zur Bruchdehnung A in % angegeben.

L_u = **Länge der Probe nach dem Bruch** = ΔL = $L_u - L_0$

Messlängen Zunahme der Probe nach dem Bruch zur ursprünglichen Messlänge.

R_B = **Bruchspannung**

Damit wird die Spannung bezeichnet die in dem Moment des Bruches auftritt. Die Spannung gibt den Kraftaufwand, bezogen auf die Querschnittsfläche der Probe an, um diese zu verformen.

F = maximale Zugkraft

Damit bezeichnet man die maximale Zugkraft die auf den Probestab ausgeübt werden kann, bis zum Zeitpunkt des Bruchs.

d_u = **Durchmesser nach dem Bruch**

Unter dem Durchmesser nach dem Bruch versteht man die Verkleinerung des Durchmessers die bei der plastischen Verformung entsteht sobald die Einschnürung begonnen hat. Messdurchmesser Abnahme nach dem Bruch zum ursprünglichen Durchmesser.

Aufgabe 5) Erklären Sie den Unterschied zwischen technischer und wahrer Spannung.

Die technische Spannung bezieht sich auf die Kraft F, den Ausgangsquerschnitt S0 die Längenänderung ΔL und auf die Ausgangslänge L0 der Probe. Es wird die Verjüngung des Querschnitts vernachlässigt, welche durch Verformung auftritt. Da die Querschnittsminderung die Werkstoffverfestigung übersteigt wird in der technischen Spannungs-Dehnkurve ein Maximum erzeugt. Bei der wahren Spannung werden die momentanen Werte von Probenquerschnitt und Probenlänge betrachtet. Bezieht man die Spannung mit beginnender Einschnürung auf den sich verjüngenden geringsten Querschnitt S ergibt sich in der wahren Spannungs-Dehnungskurve kein Scheitelpunkt wie bei der technischen Spannungs-Dehnungskurve. Dies resultiert aus der kontinuierlichen Verfestigung des Werkstoffes bis zum Bruch. Zur Veranschaulichung kann der Kurvenverlauf dem Bild entnommen werden.

Die wahre Spannung ist definiert durch:

$$\frac{\text{Last}}{\text{momentane Querschnittfläche}} \quad \frac{F}{A}$$

Die technische Spannung ist definiert durch:

$$\frac{\text{Last}}{\text{Anfangsquerschnittfläche}} \quad \frac{F}{A0}$$

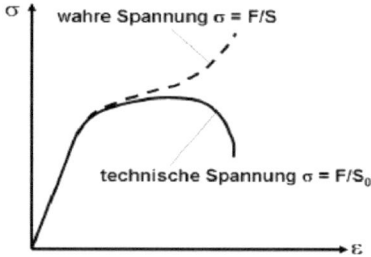

Aufgabe 6) Es sollen Proben aus der Stahlsorte C60 (Werkstoffnummer 1.0601) geprüft werden. Welcher max. Probendurchmesser kann auf der vorhandenen Maschine geprüft werden?

Gegeben:

Unlegierter Baustahl E360 Zugfestigkeit bei Raumtemperatur: $R_m = 780 \frac{N}{mm^2}$
(Roloff/Matek 20. Auflage TB 1-1, Seite: 3)

maximale Zugkraft: F_{max} = 50kN = 50.000 N

Gesucht:

maximaler Durchmesser: d_{max}

Berechnung:

1. Berechnung von A_0

$R_m = \frac{F_{max}}{A_0}$

$A_0 = \frac{F_{max}}{R_m}$

$A_0 = \frac{50000 \text{ N}}{780 \frac{N}{mm^2}}$

$A_0 = 64,102564 \ mm^2$

2. Berechnung von d_{max}

$A_0 = \pi \frac{d^2}{4}$

$d_{max} = \sqrt{\frac{4 * A_0}{\pi}}$

$d_{max} = \sqrt{\frac{4 * 64,102564 \ mm^2}{\pi}}$

$d_{max} = 9,034263 \ mm$

Lösung: Der maximale Probendurchmesser beträgt 9,034263 mm -> **9 mm** abgerundet.

Aufgabe 7) Warum wird für die Bestimmung des E-Moduls die Verformung direkt an der Probe gemessen?

Es wird direkt am Werkstück (Probe) gemessen, weil ohne eine direkte Prüfung Fehler auftreten die das E-Modul verändern können. Durch die direkte Prüfung werden diese Fehler aufgehoben. Außerdem wird der Traversenweg, der als Verlängerung der Probe genommen wird bei der Zugmaschine ausgeschlossen. Obendrein kann man das durchrutschen der Probe in den Spannbacken vernachlässigen und das E-Modul ist genau gemessen.

Aufgabe 8) Wie wird die 0,2% Dehngrenze grafisch ermittelt? Wann wird diese als Kennwert herangezogen?

Dehngrenze 0,2% graphisch

Es wird eine Parallele zur Hooke'schen Gerade durch den Wert von 0,2% Dehnung gezeichnet. Der y-Wert zwischen der Spannungs-Dehnungs-Kurve und der eingezeichneten Geraden entspricht der 0,2% Dehngrenze Rp0,2. Die Streckgrenze wird im allgemeinen Praxisfall als der Punkt des Übergangs vom elastischen zum plastischen Werkstoffverhalten angesehen.

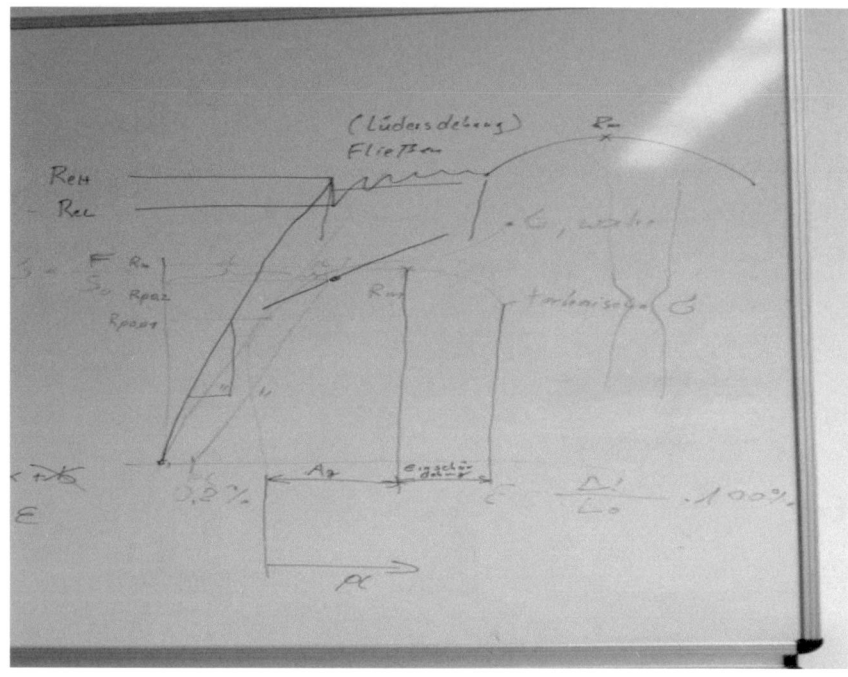

BEI GRIN MACHT SICH IHR WISSEN BEZAHLT

- Wir veröffentlichen Ihre Hausarbeit, Bachelor- und Masterarbeit

- Ihr eigenes eBook und Buch - weltweit in allen wichtigen Shops

- Verdienen Sie an jedem Verkauf

Jetzt bei www.GRIN.com hochladen und kostenlos publizieren